给孩子看的趣味物理

机械运动　简单机械　光

叁川上◎编著　介于◎绘

江苏凤凰科学技术出版社·南京

图书在版编目（CIP）数据

给孩子看的趣味物理 / 叁川上编著 ; 介于绘. —
南京 : 江苏凤凰科学技术出版社, 2023.4
ISBN 978-7-5713-3401-7

Ⅰ . ①给… Ⅱ . ①叁…②介… Ⅲ . ①物理—少儿读
物 Ⅳ . ①O4-49

中国国家版本馆CIP数据核字(2023)第004711号

给孩子看的趣味物理

编　　著	叁川上	
绘　　者	介　于	
责 任 编 辑	倪　敏	
责 任 校 对	仲　敏	
责 任 监 制	方　晨	
出 版 发 行	江苏凤凰科学技术出版社	
出版社地址	南京市湖南路 1 号 A 楼，邮编：210009	
出版社网址	http://www.pspress.cn	
印　　刷	天津丰富彩艺印刷有限公司	
开　　本	718 mm × 1 000 mm　1/16	
印　　张	19.5	
字　　数	468 000	
版　　次	2023 年 4 月第 1 版	
印　　次	2023 年 4 月第 1 次印刷	
标 准 书 号	ISBN 978-7-5713-3401-7	
定　　价	108.00 元	

前言

俗话说得好："不学物理，就不懂道理。"作为世界上最古老的学科之一，物理学揭示了宇宙万物运行的规律，与我们的生活息息相关。

然而，物态、机械、电磁……种种复杂的物理概念不仅孩子理解起来十分困难，就连大人也会头疼。升入初中之后，如何学好物理这门学科，是很多孩子面临的难题。

兴趣是学习的动力！成就感是学习的推力！如果在接触物理学科之前，为孩子埋下"物理非常有趣"的种子，就能提高孩子学习物理的兴趣，拓展孩子的视野，增加孩子的学习广度！物理这门学科，再也不是孩子的短板。

如何走进物理，让物理学习变得轻松有趣呢？

《给孩子看的趣味物理》全书共三册，分为物质及其属性、物态及其变化、力、机械运动、简单机械、光、声音、电、磁、热、能量与能源等 11 个版块，共 110 多个物理学知识点，将物理知识"一网打尽"。

本书帮助小读者构建起物理学的基础框架，让小读者轻松打开物理学殿堂的大门。书中通过生活中的实例引出物理概念和物理原理，让小读者对物理学有一个全方位的了解。本书难易程度适应小学生的理解能力，把复杂抽象的物理概念通过具体的、丰富有趣的图画展示出来，让小读者更容易理解和学会物理知识，从而增加对物理的学习兴趣。

本书的特点 •

 专设呆萌小猫形象引导阅读，贯穿全书，趣味十足！

生动有趣的漫画小故事，简单易操作的物理小实验

关键词快速了解本节内容

记录阅读日期，培养孩子良好的阅读习惯

④ 如何给物质分类

 物质分类　　阅读日期　　　年　月　日

 名词解释，快速了解物理概念

物理名词对照表

B

标准大气压 /13
由于大气压强不是固定不变的，人们把
101 kPa 规定为标准大气压强。

等离子态 /41
气体电离后，形成的大量正离子和等量
负电子组成的一种聚集态。

E

目 录

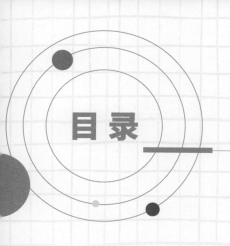

第三章 光

航行

飞翔

第一章
机械运动

散步

跑步、跳跃、飞翔……都是我们常见的运动。这些运动在物理学中有一个专用名词——机械运动。

除了机械运动，还有其他的运动吗？有的，比如：微观世界里分子、原子的运动、电磁场的运动、生命的律动……宇宙中的每一个物体都在以各种不同

在一列飞速行驶的火车上，白天，我们看见窗外的景色一闪而过，感觉火车的速度好快啊。到了晚上，可能感觉火车并没有行驶。这是为什么呢？其实，这是一个叫参照物的家伙在搞鬼！

什么是参照物?

在物理学中，观察物体运动的时候，我们通常要选定另外一个物体作参照，这个被选定的物体就叫参照物。比如，以行进中的火车为参照物，火车中的人、桌子是静止的；而以树、电线杆为参照物，火车和人都是运动的。

参照物是可以任意选择的，并不是只有看起来静止的物体才能被选为参照物！

什么是相对静止?

两个物体同向、同速运动且都以对方为参照物时,它们的位置看起来没有发生变化,这种现象称为相对静止。

飞机特技表演时,数架飞机保持不变的队形匀速飞行,以其中任意一架飞机为参照物,其余飞机均处于相对静止状态,这使得飞机队列能在空中完成漂亮的、高难度的特技表演。飞行表演时,机翼喷出彩色喷雾,方便地面的观众观看表演。

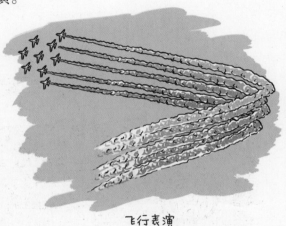

飞行表演

我想知道得更多

"空中加油"需要空中加油技术和加油机。目前,世界上拥有加油机又拥有空中加油技术的国家寥寥无几,只有美国、英国、法国、俄罗斯和中国等。

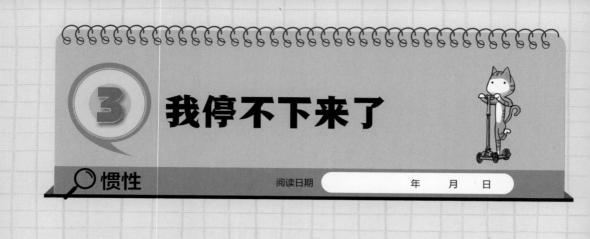
当行驶的公交车遇到突发事件时，司机紧急刹车。这时，车里的人会控制不住地向前倾。

公交车再次启动，乘客又控制不住地向后仰。

为什么我们的身体不受大脑控制地做出这些动作呢？那是因为"惯性"。

什么是惯性?

　　一切物体不论是静止的还是运动的,都具有一种维持它原先运动状态的性质,我们把这种性质叫作惯性。日常生活中,与惯性有关的现象很常见,比如下面的几个例子。

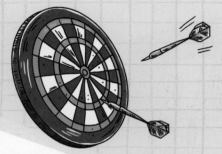

飞镖脱手后依然飞向靶盘。

小狗抖动身体,甩掉毛发上的水。

旋转起来的陀螺可以旋转很久。

只需要蹬一下地面,滑板就可以向前滑一段距离。

　　锤头松了,只要把锤柄对着地面磕几下,锤头就能牢牢地套在锤柄上。

　　荡秋千时,人会感觉将要向前或者向后"飞"出去。

惯性的大小只与物体的质量有关，和速度没有关系。物体的质量越大，惯性就越大，要想改变物体的运动状态就越困难。反之，物体的质量越小，惯性越小，要改变它的运动状态越容易。

　　了解了这些我们就能知道，使正在行驶的火车停止运动要比令行驶的自行车刹车难得多。

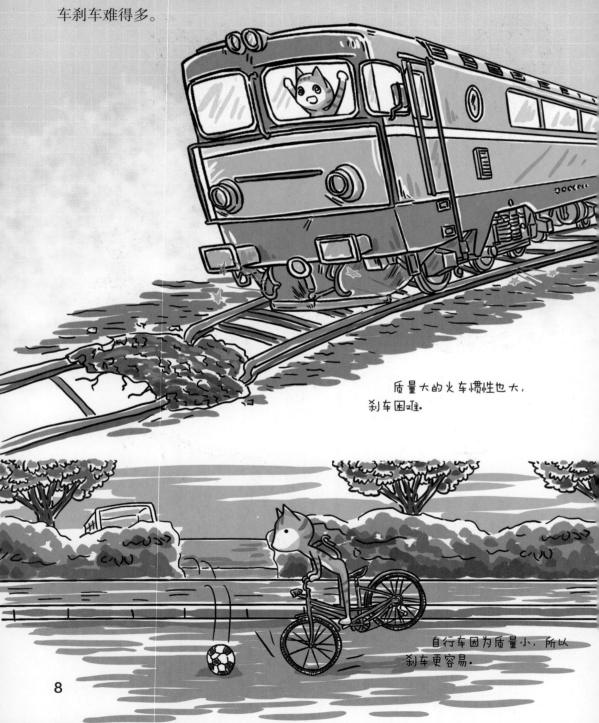

质量大的火车惯性也大，
刹车困难。

自行车因为质量小，所以
刹车更容易。

交通安全很重要

前面提到质量越大的物体惯性越大，所以我们知道比人重很多倍的汽车刹车时很不容易停下。因此，过马路要特别注意交通安全，尤其注意装满重物的货车！记好下面的注意事项吧！

1. 认清信号灯。红灯停，绿灯行，黄灯亮了等一等。

2. 骑自行车必须年满 12 周岁。

3. 乘坐公交车，车辆停稳再上下。下车后不在车前打闹、追逐。

4. 开车、坐车时系好安全带，不把手和头伸出车窗外。

会认信号灯

未满12周岁

未满12周岁不能骑车上路

下车后不在车前乱跑

汽车行驶中，头和手不能探出窗外

小实验：认识惯性

实验一

准备材料： 2 个空瓶子、1 张纸条。

将两个瓶子口对口竖直放置，中间夹着一张纸条，如右图所示。

怎样在不弄倒瓶子的情况下取出纸条？

实验二

准备材料： 1 个空水杯、1 块硬纸板和 1 枚熟鸡蛋。

在水杯上放 1 块硬纸板，硬纸板上再放 1 枚熟鸡蛋，如右图所示。

怎样在不拿走鸡蛋的情况下取出硬纸板？

实验三

准备材料： 5 枚象棋棋子。

将 5 枚象棋棋子叠在一起，放到桌面上，如右图所示。

怎样在不移动上面 4 枚棋子的情况下取出最下面的棋子？

10

答案一

一名小伙伴拿着纸条的一端，另外的小伙伴用手指迅速劈向纸条中间位置。（一个人也可以完成。只需要一手固定住纸条，一手快速劈下。）这样一来，便可在不弄翻瓶子的情况下取出纸条。

实验原理： 手指快速向下劈，纸条突然移动，而两个瓶子因为惯性依然保持静止状态，所以纸条被取出来的时候不会打翻瓶子。

答案二

拿一把直尺竖放在水杯旁边，一手固定住直尺，另一只手轻掰直尺，如右图所示。利用直尺的弹性即可在不移动鸡蛋的情况下取出硬纸板。

实验原理： 直尺快速弹击硬纸板，硬纸板突然移动，被弹出。而鸡蛋因为惯性没有向前移动，自由落下。

答案三

拿一根筷子沿着桌面迅速击打最下面的棋子，即可在不动上面4枚棋子的情况下取出最下面的棋子。

实验原理： 筷子快速击打最底层的棋子，底层的棋子突然被击打出，而上面的4枚棋子因为惯性依然保持静止状态。

4 太快了

学校运动会上，大家为取得百米赛跑第一名的人欢呼，还忍不住夸奖他："跑得可真快啊！"如果将比赛分成两组，每组都会有第一名，我们又如何比较两个人的快慢呢？

如何衡量物体的运动快慢？

如何衡量物体的运动快慢呢？这就要用到"速度"了！在物理学中，一个物体在一定时间里通过的路程越远，说明它的速度越快。

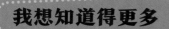

人步行的速度约为 4.3 千米／时；非洲猎豹的奔跑速度约为每小时 120 千米／时；世界上最快的列车——磁悬浮列车，速度大约是 600 千米／时；乌龟的爬行速度约为 60 米／时；光在真空中的速度约为 3×10^8 千米／时，是目前已知的速度上限！

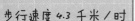

步行速度 4.3 千米／时

猎豹奔跑速度 120 千米／时

磁悬浮列车速度 600 千米／时

真空中的光速 3×10^8 千米／时

5 龟兔赛跑的新故事

🔍 **速度和速率**　　阅读日期 ☐　　年　月　日

　　自从和乌龟比赛输了以后，小兔子一直很伤心，责怪自己太骄傲，想重新比一次……

乌龟先生，我想和你再比一次赛跑。

啊……

A 点是起点，B 点是终点。你可以选择 50 米的近路，我选择 150 米的远路。这样公平一些。

你跑得这么快，那就再多跑 50 米好了，你从 A 点跑到 B 点，再跑回 A 点。而且这回咱们比赛速度，谁的速度大谁就赢。

完全没问题。

兔子先生跑完 150 米需要 12 秒，我跑完 50 米需要 20 秒，该怎么赢它呢？

我怎么又输了……

恭喜你，又赢了！

14

准备充分且不再轻敌的兔子先生，这回怎么又输了呢？原来，它没有弄明白速度和速率的关系。

什么是速度和速率？

物理学中，**速度是指物体位移距离与发生这段位移所用时间的比值**。而位移是指物体在该时间内的初位置指向末位置的直线段的长度。**速率是指运动的物体通过的路程和通过这一路程所用时间的比值**。速度包含时间和方向，速率是不考虑方向的。

比如，乌龟先生从 A 点到 B 点需要跑 20 秒的时间，因为 AB 是直线，所以它的位移距离是 50 米，那么它的速度就是 50 除以 20，等于 2.5 米 / 秒。乌龟先生跑的总路程也是 50 米，时间仍然是 20 秒，因此速率也是 2.5 米 / 秒。

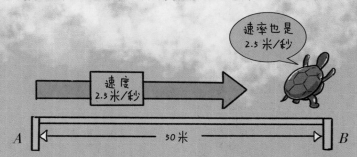

兔子先生就不一样了，它从 A 点跑到 B 点，再回到 A 点，位移距离为 0，那么不管用多少时间跑完这段路程，它的速度都是 0，因此输掉比赛。但兔子先生一共跑了 200 米，用时 16 秒，它的速率是 12.5 米 / 秒，是大于乌龟的。

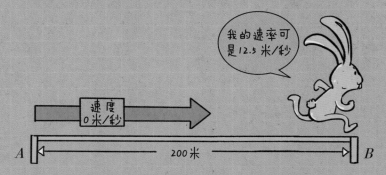

生活中，我们常说的"速度"有时是指"速率"，如汽车速度计的示数实际上就是汽车的速率，而不是速度。

6 机械运动的大家庭

　　把机械运动比喻成一个大家庭，按照性质分类，它的家庭成员包括"匀速运动"和"变速运动"；按照运动轨迹分类，则有"直线运动"和"曲线运动"。

　　物体沿着直线且速度不变的运动，叫作匀速直线运动。在匀速直线运动中，速度等于物体运动的路程除以时间。在变速直线运动中，经常用平均速度粗略描述运动的快慢。

龟兔赛跑的故事中，如果小乌龟从起点到终点一直保持着相同的速度前进，那么它做的就是匀速运动。而小兔子有时候速度很快，有时候又停一停，甚至还在一棵大树下睡着了，那么它做的就是变速运动。

7 大铁球与小铁球的较量

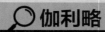 伽利略　　　阅读日期 　　年　月　日

猜猜看

假如一手拿着一张纸，一手拿着一块石头，两手同高度同时松手，使两物体掉向地面，谁先落地？

答案是石头。

现在换成一手拿着一块大石头，一手拿着一块小石头，两手同高度同时松手，再使两物体掉向地面，谁先落地？

答案是同时落地！

比萨斜塔的实验

16 世纪，人们普遍认为 5 千克重的物体要比 0.5 千克重的物体下落速度快 10 倍（同种物体），但是一直没有人加以证实。当时一位科学家伽利略决定做个实验证明一下。

他登上比萨斜塔，将一个重 100 磅（约等于 45 千克）和一个重 1 磅（约等于 0.45 千克）的铁球同时抛下。结果，两个铁球同时落地。

实验证明，轻重不同的同种物体从同一高度坠落，在不考虑空气阻力的情况下，将同时落地。

勇敢的伽利略

　　在得出这个结论之前，人们一直相信"物体越重，下落速度越快"。然而勇敢的伽利略敢于大胆怀疑，并以事实来说话，证明自己的观点。小朋友，从这里我们应该知道，学习科学不要被固有认识限制了自己，要"大胆怀疑，小心论证"哦！

昼夜更替和四季变换的原因

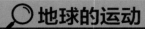
地球的运动

阅读日期　　　　　年　　月　　日

很多看似静止的物体，其实都有自己的运动方式。比如我们赖以生存的地球，一直都在运动着。

地球运动的方式有两种：自转和公转。

地球的自转——昼夜更替

地球的自转是指地球本身自西向东地转动，自转一周需要大约24小时。

地球是一个不规则、不透明的球体，在自转过程中，只能有一半被太阳照射到。被太阳照射到的一面就是白天；相反，没有被太阳照到的一面就是黑夜。随着地球不停地自转，昼夜不断更替。

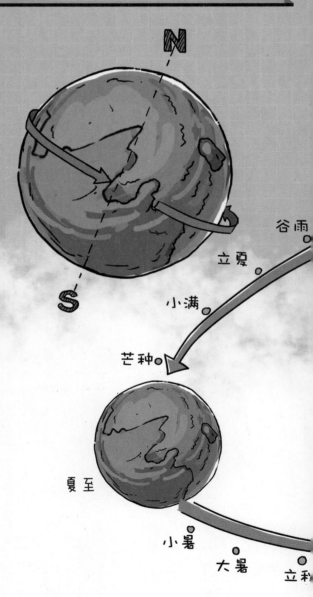

地球的公转——四季变换

我们把一个星体围绕另一个星体的转动叫作公转，比如地球围绕太阳转动，月球围绕地球转动等。地球围绕太阳转一圈，大约需要 365 天，也就是 1 年。

地球的自转和绕太阳的公转不在一个平面，所以公转时地球表面的同一地点在不同时间获得太阳的热量不相同，于是，一年中就有了春、夏、秋、冬四个季节。

中国古代的劳动人民依据地球公转，把四个季节与农耕文明相结合，细化为二十四节气，用来指导农业生产。

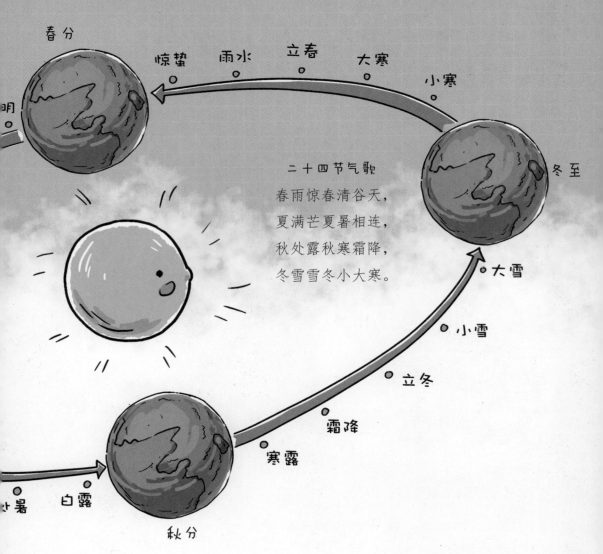

二十四节气歌

春雨惊春清谷天，
夏满芒夏暑相连，
秋处露秋寒霜降，
冬雪雪冬小大寒。

春分　惊蛰　雨水　立春　大寒　小寒　冬至　大雪　小雪　立冬　霜降　寒露　秋分　白露　处暑　清明

滑轮

杠杆

斜面

齿轮

滚木

第二章
简单机械

能够改变力的大小或方向的装置，统称为机械。简单机械是最基本的机械。能够运用机械工具是人区别于动物的重要体现。

楔子

利用机械，既能减少体力消耗，又能提高工作效率。

日常生活中，我们常用的简单机械有杠杆、滑轮、轮轴、齿轮、斜面、滚木

9 滚！滚！滚！

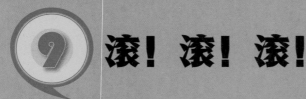

简单机械：滚木　　　阅读日期　　　年　月　日

如果让你把这块大石头运到很远的地方，你会怎么做？

可是，古人没有大卡车怎么办？

找一辆大卡车，把它装上车运走就行了！

这……

　　在北京故宫保和殿的后面，有一条专门为皇帝修建的御路。这条路由一块巨大的汉白玉石雕成，长约 16 米，宽约 3 米，重达 200 吨，是紫禁城内最大的一块石料。因其上面雕刻有许多非常好看的龙，俗称"云龙阶石"。

24

在古代，没有大型货车、没有高级机械，人们怎样把云龙阶石搬运到故宫呢？那就需要用到滚木了。据说，当时为了搬运这块石料，动用了数万名劳工和数千匹牲畜！

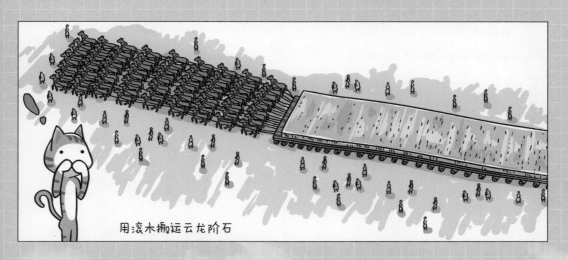

用滚木搬运云龙阶石

滚木一般用圆形的木头制成。工作的时候，往往是上百根滚木一起运送石块或者其他很重的物体。滚木之所以能帮助人们搬运巨大的物体，是因为它将滑动摩擦力变为滚动摩擦力，达到省力的效果。

看看下面的图，搬运红色物体的小猫十分吃力，而搬运紫色圆柱形物体的小猫显得很轻松，其中的原理也是因为圆柱形的物体是滚动摩擦力，能省力。

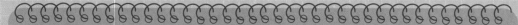

10 我能撬起地球

2000 多年前，古希腊物理学家阿基米德说过这样一句话：给我一个支点，我能撬起整个地球。

他是不是在说大话？别急，掌握本节的知识点，你就知道答案！

阿基米德　　　　　支点

什么是杠杆？

在外力的作用下，能绕着固定点转动的直杆或曲杆就是杠杆。根据日常生活中的实际需求，杠杆可以是任意形状的，如跷跷板、剪刀、撬棒、钓鱼竿、开瓶器、扳手、吊车等。

扳手　　　　　开瓶器　　　　　剪刀

每个杠杆都有力臂和支点。以下图所示的撬棒为例，小石头是支点，小石头到动力作用线的距离叫动力臂，小石头到大石头所施阻力作用线的距离叫阻力臂。

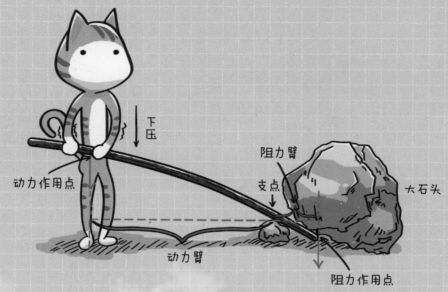

了解了撬棒的支点、力臂，来看看剪刀、扳手、开瓶器的支点以及动力和阻力的作用点吧，自己也可以试着在图上画一下动力臂和阻力臂哦！

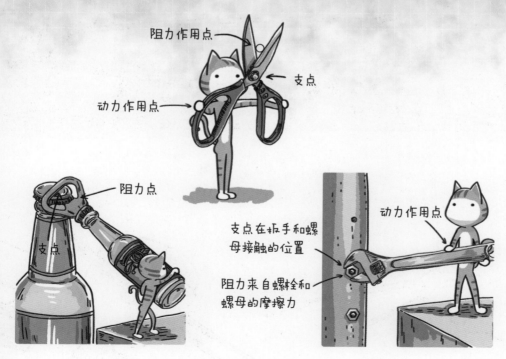

根据动力臂与阻力臂的长短关系，可将杠杆分为三类：省力杠杆、费力杠杆和等臂杠杆。像跷跷板、天平之类的杠杆，它们的力臂相等，叫等臂杠杆。

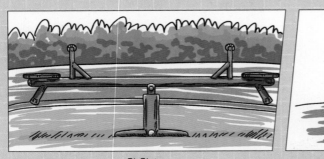
跷跷板

天平

类似于撬棒，我们只需用很小的力气就能撬动很重物体的这类杠杆是省力杠杆。省力杠杆的动力臂比阻力臂长。如果动力臂足够长，以人力撬起地球在理论上是行得通的。

在使用筷子时，支点在虎口附近，动力作用点在食指与筷子接触的地方，此时的阻力臂比动力臂长，所以它是费力杠杆。

小实验：探究省力杠杆与费力杠杆

1. 利用直尺将筷子平均分成三部分，并用笔标记。见图1。

准备材料：
筷子、笔、小盒子、固体胶、直尺、贴纸、胶带。

2. 在标记好的位置贴上贴纸，标上数字1、2。见图2。

3. 用胶带把筷子的一端和固体胶粘好，制成一个类似于小锤子的装置。见图3。

4. 把筷子连同固体胶一起放在小盒子上面，分别以数字1和数字2处为支点撬动固体胶，感受哪种情况省力？哪种情况费力？见图4。

实验表明： 用力端越长，越省力；用力端越短，越费力（原理是，动力臂大于阻力臂时，省力；动力臂小于阻力臂时，费力）。

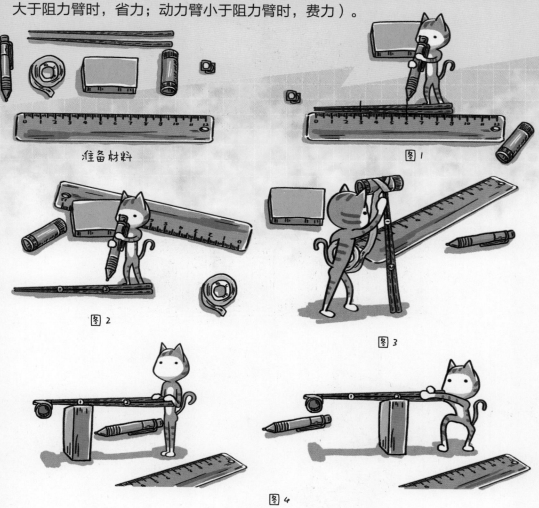

准备材料

图1

图2

图3

图4

29

早在公元前 400 年～公元前 300 年，杆秤就已经存在。在古代，杆秤是非常重要的测量工具。杆秤量程广，使用和携带都很方便，但是也容易作假。随着更精密、不易作假的测量仪器的出现和普及，杆秤渐渐退出历史舞台。

今天，妈妈又要我去买菜。为防止被骗，去之前我决定先跟妈妈学习一下怎样看杆秤。

什么是杆秤？

杆秤是秤的一种，是利用杠杆原理来称量物体质量的简易衡器，主要由秤杆、秤砣、秤盘等构成。

看看下面的图，杆秤的粗头部分（左侧）有两个提环，大提环叫大提，小提环叫小提。

秤杆上有两排刻度，量程大的为大提刻度，量程小的为小提刻度。

用小提称物体时，要看小提刻度；用大提称物体时，要看大提刻度。

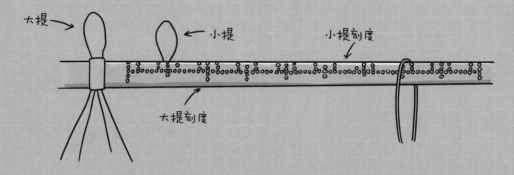

一般家用杆秤最大能称量 20 斤，秤砣重 1 斤。斤是市制重量单位，1 斤 = 10 两 =500 克。

使用小提刻度，杆秤最大能称量 5 斤。1 与 2 之间分 10 小格，每 1 小格表示 1 两。

小提刻度

使用大提刻度，杆秤最大能称量 20 斤。5 与 10 之间分 10 小格，每 1 小格表示 5 两。

大提刻度

滑！滑！滑！

简单机械：滑轮　　阅读日期　　　　年　月　日

为什么升旗时，拉动绳子，旗子就能升起来？那是因为旗杆上面安装了滑轮。

什么是滑轮？

滑轮是指周边有凹槽，能够绕轴转动的小轮。

旗杆上面的滑轮

滑轮的分类

日常生活中，常用的滑轮有三种：定滑轮、动滑轮和滑轮组。

定滑轮

动滑轮

滑轮组

定滑轮

　　使用滑轮时，轴的位置固定不动的滑轮称为定滑轮。定滑轮的应用十分广泛，除前面提到的旗杆顶端安装的定滑轮以外，家里的活动式窗帘、移动门等，大多安装有定滑轮。

活动式百叶窗上面安装有定滑轮

推拉门下面安装了定滑轮

　　定滑轮的特点是：**能改变力的方向，但不能省力。**

　　看看下面的图，原本要站在井边用绳子提水桶，十分危险，安装了定滑轮后，在平地上拉绳子就可以打水了。此时提水桶的力是向上的，而我们却在向下拉绳子，这正是因为定滑轮改变了力的方向。

向上提水桶

向下拉绳子，定滑轮改变力的方向

动滑轮

使用滑轮时，轴的位置能随着被拉物体一起运动的滑轮称为动滑轮。

动滑轮的应用也很广泛，如起重机吊钩上的滑轮就是动滑轮。

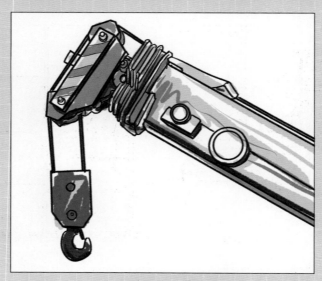

起重机的动滑轮

动滑轮的特点是：**不能改变力的方向，但能省力**。看看下面的图，站在高处的人向上提拉重物，既危险又吃力。使用动滑轮后，虽然也是向上拉重物，但因为大树分担了一部分的力，感觉轻松多了。

向上拉重物

向上拉重物，大树分担了一部分的力

滑轮组

人们为了既省力气又能改变力的方向，常常将定滑轮与动滑轮结合起来，组成滑轮组。滑轮组可以由多个动滑轮、定滑轮组成。

汽车起重机

汽车起重机中含有很多简单机械，如下图中的 A 是动滑轮，B 是定滑轮，A、B 组成滑轮组。

整个汽车起重机也可视为杠杆，B 是阻力作用点，C 是动力作用点，D 是支点。因为阻力臂大于动力臂，所以汽车起重机是费力杠杆。若起吊货物的质量过大，可以在车身外侧增加支柱（图中的 E、F），以防翻车。

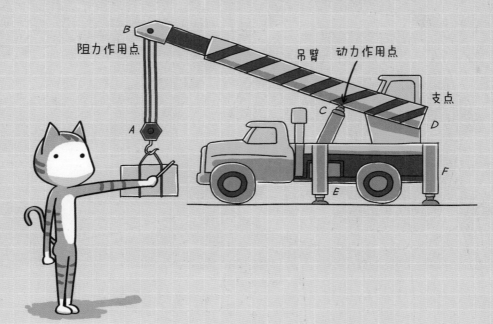

13 山路十八弯

🔍 **简单机械：斜面**　　阅读日期　　　　年　月　日

　　郁郁葱葱的青山中，盘山公路延伸到远方，一辆小汽车行驶在公路上，车里的人欣赏着车外的景色。山间的公路为什么修成弯弯曲曲的形状呢？原来，这是应用了斜面的原理！

什么是斜面？

斜面是一种简单的省力机械，主要用来解决垂直提升重物困难的问题。

斜面省力，但增加了距离。比如我们在爬平缓的楼梯时，会感觉很轻松；爬陡峭的楼梯时，就会感觉很吃力。但仔细观察，你会发现平缓的楼梯比陡峭的楼梯长很多。

爬平缓的楼梯省力

爬陡峭的楼梯吃力

装卸货车的货物时，放一块斜的板子帮助搬运货物，比不放要省力很多。

螺丝钉的斜面

装卸货物时的斜面

观察螺丝钉上一圈圈的螺纹，这些螺纹是旋转上升的，像这样具有螺纹的圆柱（或圆锥）体叫作"螺旋"，螺旋也是一种简单机械。螺旋属于斜面类简单机械，它可以使我们在拧螺丝时更省力。

14 小木片，大用处

"嘎吱——嘎吱——"

"哎哟！"

坐在木凳子上吃饭的小猫突然惊叫一声。它回头一看，原来是木凳子的腿松了，松动的地方夹疼了屁股。

正当小猫在想如何解决这个问题时，猫爷爷一手拿着铁锤，一手拿着一块小木片走了过来。

小猫有点疑惑：爷爷这是要修理小木凳吗？小木片有什么用啊？

只见猫爷爷很轻松地就把小木片敲进凳子松动的地方，然后凳子竟然神奇地变好了。

猫爷爷看着仍然感到疑惑的小猫，说："这个小木片叫楔（xiē）子，它能填充进器物的空隙，让器物更加牢固。"

38

小猫帮猫爷爷劈柴，举着斧子劈啊劈啊，累得满头大汗，因为力气小，一根柴都没有劈完。

在一旁的猫爷爷拿出铁楔子和铁锤，说："看爷爷的。"

爷爷好厉害！

啪！

只见猫爷爷把铁楔子放在木柴上，用铁锤敲打几下，"啪"的一声，木柴就分开了。

旁边的小猫看见后愣住了："爷爷可真厉害啊！"

猫爷爷看着小猫，乐呵呵地说："工具就是这样为我们服务的。"

什么是楔子？

楔子是一种简单的机械工具，可以是木质的，也可以是金属材质的；由两个斜面组成，上粗下尖。

楔子可以填充到器物中，让器物更加牢固，也可以作为省力工具使用。

楔子之所以能省力，是因为它也是一种斜面，可以类比于省力杠杆。比如斧头是一种楔子，它帮助工人轻松将木头劈开。

🔍 齿轮　　　　阅读日期　□ 年 月 日

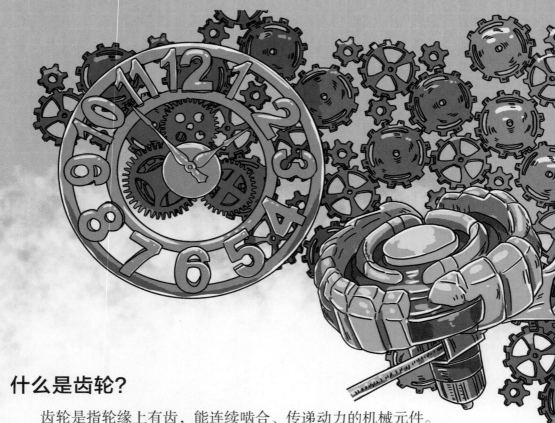

什么是齿轮？

齿轮是指轮缘上有齿，能连续啮合、传递动力的机械元件。

齿轮也是一种简单机械，它最主要的功能就是传递动力。

发展起源

大约在 2300 年前，人类就已经发明出齿轮。不过直到 300 年前，人们才开始详细研究它，比如有多少个齿，齿轮才能工作？两个齿轮怎么接触，工作的效率才会更高？等等。

齿轮的分类

　　齿轮可以按照齿形、外形、制造材料、制造方法等进行分类。按照制造材料分类，齿轮分为铁制齿轮、铜制齿轮、塑料齿轮等。按照制造方法分类，齿轮分为铸造齿轮、切制齿轮、轧制齿轮、烧结齿轮等。按照外形分类，齿轮分为圆柱齿轮、锥齿轮、非圆齿轮、齿条、蜗杆蜗轮等。

应用

　　目前，齿轮已应用到各大领域，如汽车、冶金、航天、建筑等。我们常见的发条玩具、机械钟表、汽车发动机、各种大型机械设备等，也都安装有齿轮。

在我国山西省应县佛宫寺内，有一座佛塔叫应县木塔，它是世界上现存最古老、最高大的木质结构建筑，距今已有 1000 多年的历史。千百年来，应县木塔饱受风雨、地震、洪水等自然灾害的摧残，却仍屹立不倒。令人震惊的是，相当于 20 层楼高（约 67.31 米）的应县木塔，竟然没有用一颗钉子做固定连接，堪称世界建筑史上的奇迹。

应县木塔为何如此牢固？原因和斗拱有关。

什么是斗拱？

斗拱是中国建筑特有的一种结构，位于柱与梁的交接处，承担支撑的作用。柱顶上加的一层层成弓形的承重结构叫拱，拱与拱之间垫的方形木块叫斗，合起来叫作斗拱。

拱

斗

斗拱的工作原理

　　看看下面的图，在一根木棍上放一块木块，木块很容易翻倒。但在木棍上放一块小木板，小木板上再放一块大木板……最后将木块放在木板上，木块就不容易翻倒了！斗拱的工作原理与此例子大致相同。

　　从支撑点上讲，单根柱子对房梁的平衡力度不够，而斗拱可以将柱子的单点支撑变成多点支撑，将房梁的压力分散到斗拱的各个支点。压力层层过渡，最后传递到柱子上，便保证了建筑的稳定性。

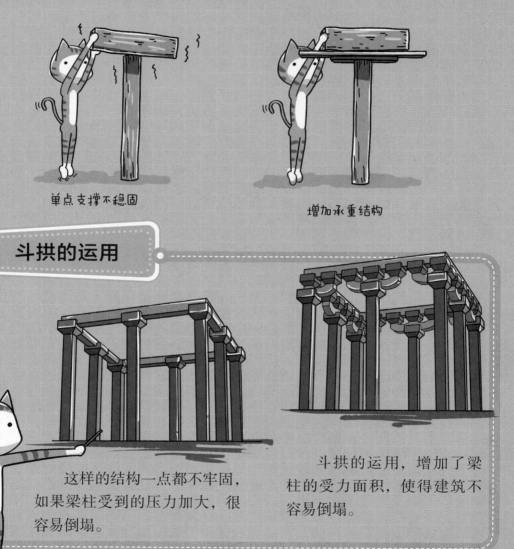

单点支撑不稳固

增加承重结构

斗拱的运用

这样的结构一点都不牢固，如果梁柱受到的压力加大，很容易倒塌。

斗拱的运用，增加了梁柱的受力面积，使得建筑不容易倒塌。

17 筒车的工作原理

提水机械：筒车

阅读日期 ⬜⬜ 年 月 日

刮板

水斗

"接缕垂芳饵，连筒灌小园。"——杜甫《春水》

　　杜甫的诗中提到的"连筒"就是唐代的简易筒车。筒车是我国古代一种以水流作动力，用来取水灌田的工具，是一种提水机械。

44

郁郁葱葱的田野间，转动着吱呀作响的筒车，构成了一幅怡然的千年历史画卷。

筒车的水轮上有数十根辐条，每根辐条的顶端都带有一个刮板和水斗。当水流冲击刮板，筒车借助水势便转动起来，而水斗则趁势装满水。

水轮转动到一定位置时，由于水斗是倾斜状，里面的水会倒出来。此时，若在水斗倒水的位置安装一个水槽接水，就可将从筒车取来的水送至远方。

　　三国时期，孙权送给曹操一头大象。曹操想知道这头大象有多重，问身边的大臣该如何称量。大臣们有的说把大象杀掉，切成一块一块称量；还有的说制造一个巨大无比的秤，直接称量。

　　众说纷纭，但是没有一个答案令曹操满意。这时，曹操的小儿子曹冲从人群中挤出来说："先把大象赶到一艘船上，船因为大象的重量会下沉，在水面

所达到的船身处作个记号。然后把大象赶下船，往船上装石头，直至船下沉到标有记号的位置。之后再称一下这些石头的重量，就能得出大象的体重了！"曹操听了非常高兴，既不用杀掉大象，又能称出大象的体重，这真是一个两全其美的好办法啊！

　　曹冲称象的故事在体现曹冲聪明的同时，也诠释出一个物理知识，即等效替代法。

什么是等效替代法？

　　等效替代法，即用效果相等的东西来替代不便直接测量的物体。假如一个鸡蛋的价格为 1 元钱，一个雪糕的价格也为 1 元钱。那么，一个鸡蛋就可以替代一个雪糕。

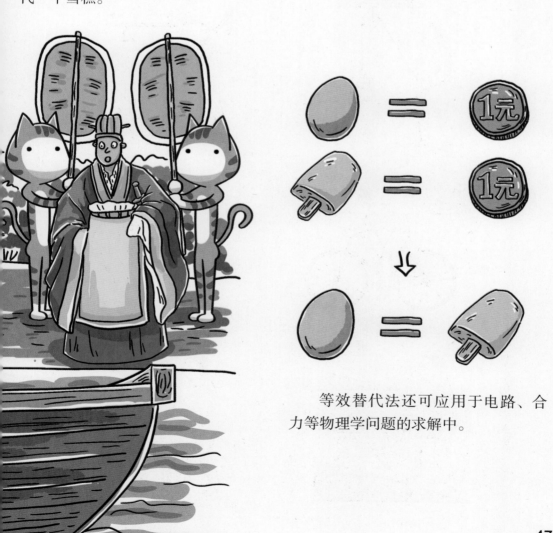

　　等效替代法还可应用于电路、合力等物理学问题的求解中。

19 生活与机械

🔍 机械

阅读日期　　　　年　　月　　日

你能提起多重的物体？10 千克？还是 20 千克？如果物体很重，超过了我们能承受的极限，应该怎么挪动呢？遇到这种问题时，我们就可以向"机械"来寻求帮助了！

滑轮

杠杆

轮轴

楔子

斜面

螺旋

从宇航员乘坐的复杂航天飞船，到生活中简简单单的一根撬棍，我们的世界充满无数机械。而复杂的机械都由简单机械组成，杠杆、滑轮、轮轴、斜面等就是简单机械。

简单机械可以省力或改变力的方向，让人们生活、工作更加便利，因此在漫长的岁月中，人们创造了一次又一次奇迹！举世瞩目的万里长城在修建时就用到了很多简单机械。

修建万里长城

除了修建万里长城，开凿贯通南北的京杭大运河，建造埃及金字塔等，都可以看到古代劳动人民在利用简单机械。可以说，人们的生活离不开机械！

京杭大运河

埃及金字塔

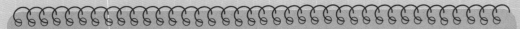

20 功与能量 是什么

🔍 功与能量   阅读日期   年　月　日

什么是功？

如果一个力作用在物体上，物体在这个力的方向上移动了一段距离，就说这个力对物体做了功。

功也有自己的单位——焦耳，简称焦，用符号 J 表示。功的大小等于力与物体在力的方向上移动的距离的乘积。

做功有两个要素：一个是物体受到的力，另一个是物体在这个力的方向上移动的距离。物体没有受力或者没有沿着受力方向移动，都不算做了功。

用 10 牛的力推着婴儿车往前走了 5 米的距离，我们就对婴儿车做了 50 焦的功。向前推一块大石头，虽然用了 10 牛的力，但石头并没有向前移动，移动距离为 0 米，因此我们就对石头没有做功。

什么是能量?

如果物体能够对外做功,我们就说这个物体具有能量。能量简称"能",单位和功的单位一样,都是焦耳。能量越大,物体可以做的功越多。

现代人的生活离不开各种能源,家电、医院的仪器需要电能;轮船、飞机等需要柴油、煤油等。能源按照能量来源不同,可以分为水能、核能、风能、太阳能、化学能、生物能等。

水能

核能

风能·太阳能

化学能

生物能

生活——电

轮船——石油

医疗仪器——电

飞机——石油

51

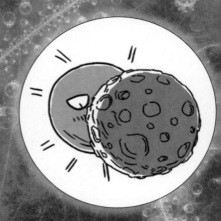

日食

花朵

极光

倒影

镜子

第三章
光

　　光与我们的生活息息相关，让我们的世界绚丽多彩。但是光来自哪里呢？它是怎样传播的？为什么说彩虹也是光？

影子

让我们一起来探究美妙又神奇的光吧！

清晨，太阳从东方冉冉升起，大地随之亮了起来，原来光来自太阳呀！夜晚，打开开关，电灯发出明亮的光，原来光来自电灯呀……在物理学上，像太阳和电灯这种能发光的物体，叫作光源。

蜡烛和手电筒是人造光源。不过需要注意的是，蜡烛没点燃时不能称为光源，只有点燃后才能称为光源；手电筒只有打开开关并发光后，才能被称为光源。

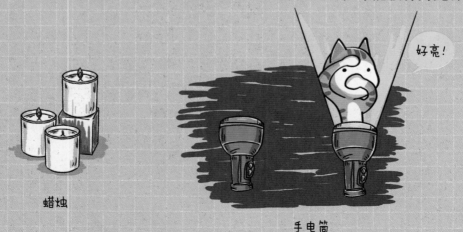

蜡烛

手电筒

54

光源一般分为自然光源和人造光源两大类，细致划分还有热光源和冷光源，生物光源和非生物光源等。萤火虫属于自然光源，同时也是生物光源；篝火属于人造光源，同时也是热光源和非生物光源……

想一想，下面这些光源哪些是自然光源，哪些是人造光源？哪些是生物光源，哪些是非生物光源？

煤油灯

电灯

太阳

篝火

火炬

萤火虫

荧光棒

答案：

自然光源：太阳、萤火虫。

人造光源：煤油灯、电灯、火炬、荧光棒、篝火。

生物光源：萤火虫。

非生物光源：除了萤火虫以外的光源。

威廉·赫歇尔是天王星的发现者，酷爱制作望远镜。有一次，他用温度计测量太阳光谱的各个部分，结果发现在红色光的外侧，温度明显升得很快，说明这个地方也有光，但是我们用肉眼却看不到颜色。于是他得出结论：太阳光中包含着处于红光以外我们用肉眼看不见的光线。后来，人们称这种光线为红外线。

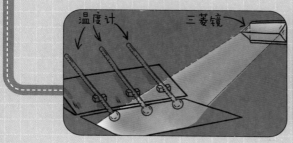

什么是看不见的光？

人眼能感知的光的波长一般在 390 纳米到 760 纳米之间。波长小于 390 纳米或大于 760 纳米的光，人眼都看不见，这些光称为不可见光。

纳米：长度单位，1 纳米 $=10^{-9}$ 米，比有的细菌还要短。

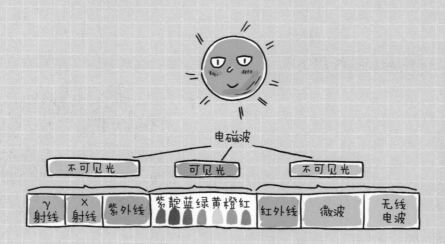

23 神秘的不可见光

🔍 红外线与紫外线　　阅读日期　　　　年　　月　　日

红外线

　　红外线是不可见光的一种，虽然人眼不可见，但是自然界中的物体都在不停地向外辐射红外线。

　　大自然中，有些没有视力的动物只能靠物体向外辐射的红外线进行活动和捕食。例如响尾蛇的视力很差，它就是利用猎物身体散发的红外线来追踪猎物，以此捕食。人类发明了红外线探测器，这种探测器也是通过物体辐射的红外线来识别物体的。

红外探测器

响尾蛇在捕食猎物

我想知道得更多

　　在夜晚或者不容易看清楚物体的环境下，就要用到红外夜视仪。它是通过识别不同温度的物体辐射出的红外线来智能辨别物体的。由于人体、岩石、树木等的温度不同，所辐射的红外线强度也不同，因而在红外夜视仪上会有不同的显示。

红外夜视仪

紫外线

紫外线也是一种人眼看不见的光，它最显著的特点是能使荧光物质发光。利用荧光物质在紫外线的照射下能够发光的原理，可以制成各种防伪标识。医院、饭店等场所，常用紫外线灯消毒杀菌。

日常生活中，适当的紫外线照射对人体有益，可以促进人体对钙的吸收，增强免疫力；而过量的紫外线照射则可能导致皮肤过早衰老，甚至引发疾病。

自然光下为无色（白） → 紫外光下发绿色荧光

防伪微球

紫外线灯

太阳光中有紫外线

我想知道得更多

臭氧是一种有微腥臭味的淡蓝色气体，主要聚集在距离地面 20 ~ 25 千米的平流层内，科学家称之为臭氧层。

臭氧层是地球的"保护伞"，它能吸收绝大部分来自太阳的紫外线，使地球上的生物免受强烈紫外线的直接照射。

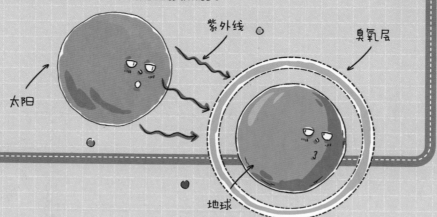

紫外线

臭氧层

太阳

地球

24 光的直线传播

生活中，我们可以看见各种各样的光——树林中透过的阳光、舞台上的霓虹灯光、手电筒的光、车辆的灯光……

树林中的阳光

霓虹灯光

手电筒的光

车辆的灯光

仔细观察，你会发现这些光束都是直线，那是不是说明光在空气中就是沿直线传播的呢？下面，做一个实验验证一下。

当三个小孔在一条直线时，我们能看到烛焰；不在一条直线时，就看不到烛焰了。由此可见，**光在空气中是沿直线传播的**。

观察蜡烛的实验

那么，光在液体（水）、固体（玻璃）中又是怎样传播的呢？

在实验中，我们发现激光在水中、玻璃砖中的传播路径也是直线。由此可见，**光在同种均匀介质中是沿直线传播的。**

由于光沿直线传播，工人们在开凿隧道时，常常用激光束来引导掘进机，使掘进机沿直线前进，保证隧道方向不出现偏差。此外，射箭瞄准、队列对齐等，也是利用光沿直线传播的原理。

开凿隧道

队列对齐

射箭瞄准

61

25 影子是怎样产生的

猜谜语

像我不是我，常常跟着我。

一会儿在我前，一会儿在我后。

乌黑身子乌黑头，阳光下面跟我走。

想和它说话，可它不开口。

谜底：影子

影子是怎样产生的？

影子是因为不透明物体遮挡了光线的传播，而在其后形成的较暗区域。

影子的形状和大小不是固定不变的，它会随光源或不透明物体位置的变化而变化。夜晚，我们一般离路灯越近时影子越短；离路灯越远时，影子越长。

影子分为本影和半影。如右图所示，纸杯影子中间较暗的部分是本影，本影周边较浅的部分是半影。

本影
半影

不同的物体会形成不同的影子。利用影子，可以做很多事。例如：科学家用月球上山峰的影子计算出山峰的高度；医生通过 CT 扫描出来的"影子"判断病人的病情；孩子通过手影玩游戏；艺人利用影子制作出皮影戏等。

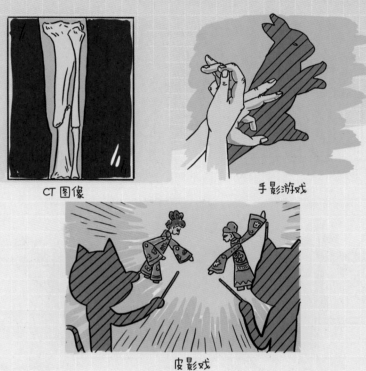

CT 图像

手影游戏

皮影戏

我想知道得更多

日晷（guǐ）仪简称日晷，是我国古代劳动人民根据影子的特性制作出来的计时仪器。

当太阳光照射到日晷仪上时，日晷仪上的指针会在晷盘上投下影子。晷盘上刻有示数，通过指针的影子在晷盘上的变化，便可知道当下的时间。

日晷仪必须依赖日照，不能用于阴天和夜晚，因此单用日晷仪来计时是不够的，还需要其他种类的计时器来与之搭配，比如水钟。

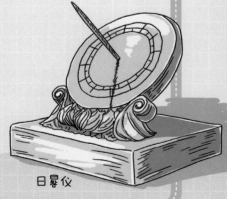

日晷仪

揭秘

  表演隔空剪花魔术，首先需要一个人和你配合，让他藏在不透明的桌子底下。花的枝、茎是经过特殊处理的，事先已剪断，我们看到的花其实是粘好的且上面缠有透明的丝线，线的一端就拽在藏在桌子底下的小伙伴的手里。

  当你去剪花影的时候，小伙伴配合你的动作拉动线，使花掉下，从而给观众造成影子被剪断的错觉。

魔术二：被吃掉的影子

1. 将透明玻璃杯、陶瓷杯、玻璃片、透明纸并排摆放在白色的墙壁前。

2. 把室内弄成"夜晚"的样子，打开手电筒，照射墙壁前的物品。

准备材料：
一个陶瓷杯，一个玻璃杯，一块玻璃片，一张透明纸和一支手电筒。

3. 我们会发现，手电筒的光照射陶瓷杯时，墙上出现黑色的阴影；而照射玻璃杯、玻璃片和透明纸时，墙上只出现很淡的影子，仿佛被吃掉了一般。

实验告诉我们，影子是由物体的透明度决定的。物体的透明度越高，其背后形成的影子越淡。

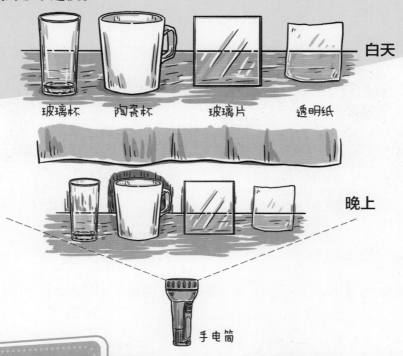

玻璃杯　　陶瓷杯　　玻璃片　　透明纸　　白天

晚上

手电筒

想一想

"井底之蛙"这个成语大家都很熟悉。那么，你能根据光沿直线传播的知识说明为什么"坐井观天，所见甚小"吗？

答案：因为光是沿直线传播的，所以青蛙只能看到井口一样大小的天空。

65

26 黑与白的较量

　　为什么夏天穿白色等浅色衣服时，比穿黑色等深色衣服要凉爽一些呢？冬天穿深色衣服感觉比穿浅色衣服要更温暖？是我们的错觉吗？其实，这种现象与光的吸收有关！

什么是光的吸收？

　　光的吸收是指原子在光照下会吸收光子的能量，由低能态跃迁到高能态的现象。

不同颜色的物体，吸收光的多少也是不同的。

夏天之所以穿白色衣服的人多，是因为白色反光，导致白色衣服吸收的光少。吸收的光少，自然就凉快些。

冬天之所以穿黑色衣服的人多，是因为黑色不反光，导致黑色衣服吸收的光多。吸收的光多，自然就暖和些。

我想知道得更多

夏天到了，汽车如果停在烈日下，刚坐进去的一瞬间仿佛跳入火坑里。而且夏季汽车自燃数量明显高于其他季节。前面提到，白色等浅色不容易吸热，黑色等深色则最吸热。那么，汽车是否也是如此？

有人专门测量了一下夏季停在路边的深蓝色小轿车与白色小轿车的表面温度。结果显示，深蓝色小轿车的表面温度能高达 81 ℃，而白色小轿车的表面温度只有 55 ℃。可见深颜色的汽车也是容易吸热的！

为什么镜子能照出自己

生活中我们总要照镜子，那么镜子为什么能照出自己？其实，这种现象和光的反射有关。

什么是光的反射？

光照射到物体表面时，有一部分会被物体表面反射回来，这种现象叫作光的反射。

凡是光能照得到的地方，都在反射光，物体发射或反射的光进入我们的眼睛，我们才能看到万物。

眼睛是如何看到物体的？

物体发射或反射的光通过瞳孔、晶状体进入眼睛后，会在视网膜上形成物体的像。连接在视网膜上的视神经把这些"像"报告给大脑，我们就能看到物体了。

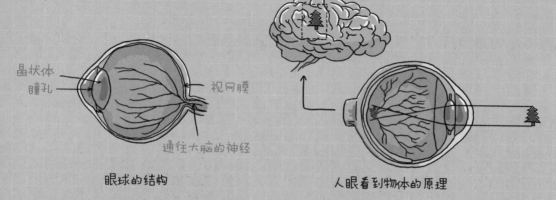

眼球的结构

人眼看到物体的原理

小实验：探究光的反射定律

1. 用激光灯分别在量角器的 20 度、40 度、60 度位置照向平面镜，如图 1 所示（注意照射点落在 A 处）。观察入射角与反射角的大小，并记录。

准备材料：
量角器、激光灯、平面镜。

2. 将量角器挪开一点，如图 2 所示。观察量角器右半部分是否有反射光线。

结论 1：入射角 = 反射角。

结论 2：量角器右半部分没有反射光线，说明入射光线、法线、反射光线在同一平面内。

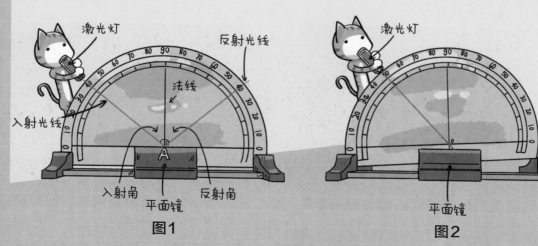

图1

图2

镜面反射与漫反射

不同物体的表面对光的反射是有差异的。例如，平面镜的表面平整、光洁，当平行光射到平面镜上时，反射光仍是平行的，这种反射叫作镜面反射。而木板的表面相对粗糙，当平行光射到木板上时，反射光杂乱无章地射向不同的方向，这种反射叫作漫反射。

镜面反射　　　　　　　　　　漫反射

光的反射在生活和技术中的应用

高速公路上的标识牌、道路两边的反光牌及汽车尾灯等，都是根据光的反射原理，用反光材料制作而成的。夜间行车时，它们能把车灯射出的光逆向反射回来，所以标识牌、反光牌上的字，汽车尾灯特别醒目，从而避免车辆走错路或交通事故的发生。

潜望镜

　　潜望镜是一种在隐蔽处观察外界情况时常用的光学仪器。简易潜望镜由两块与观察方向成 45 度角的平面镜构成。

　　潜望镜的工作原理是：来自被观察物体的反射光线通过平面镜的两次反射、成像，从而使人在下边就能看到上面的景象。潜望镜常用于潜水艇、坦克、装甲车等军事装备中。

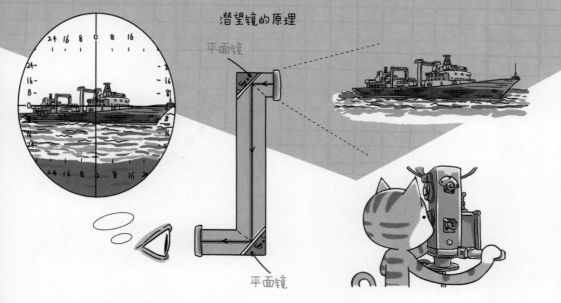

潜望镜的原理

平面镜

平面镜

　　光纤通信是利用玻璃纤维对光的多次反射来传递信息的。

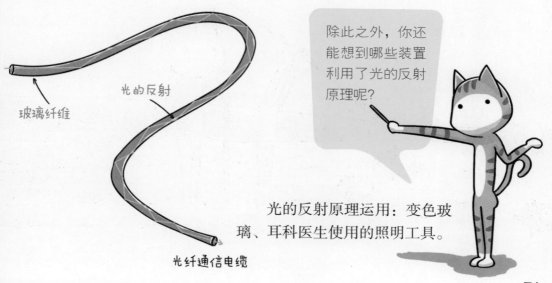

玻璃纤维

光的反射

光纤通信电缆

除此之外，你还能想到哪些装置利用了光的反射原理呢？

光的反射原理运用：变色玻璃、耳科医生使用的照明工具。

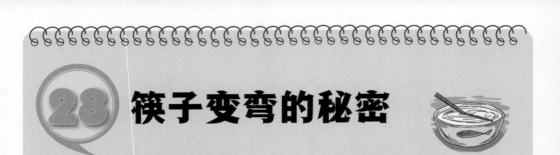

28 筷子变弯的秘密

什么是光的折射？

光从一种介质进入另一种介质时，传播方向发生改变，从而使光线在不同介质的交界处发生偏折的现象，称为光的折射。

把一根筷子插入水中，筷子看起来弯折了。鱼儿在清澈的河水里游动，可以看得很清楚，然而，沿着看见鱼的方向去叉它，却叉不到。有经验的渔民都知道，只有瞄准鱼的下方才能把鱼叉到。这些都是光发生折射现象的结果。

人眼看到的鱼的位置

鱼的实际位置

海市蜃楼

　　海市蜃楼是光发生折射产生的一种现象，多发生在夏天的海面或沙漠、山区、极地、洼地等地方。

　　海市蜃楼形成的原理是：夏天，较热的空气笼罩海面，但是海水比较凉，从而造成海面上空气密度的不均匀。光从密度较大的空气层进入密度较小的空气层时，传播方向发生偏折。远方景物发出的光经过多次折射，我们就看见了"天上的仙境"。

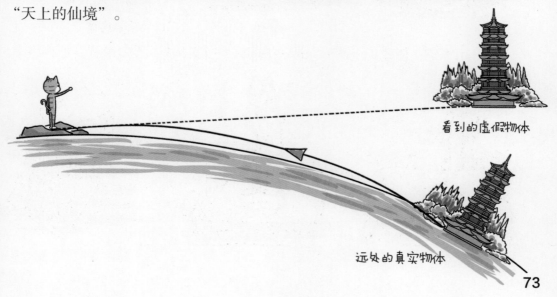

看到的虚假物体

远处的真实物体

准备材料：透明塑料袋、便签纸、彩笔、透明水杯、盛水槽、小贴画。

1. 在透明水杯底部放一片小火箭贴画，然后往透明水杯里添水。

分别从低角度和高角度通过水面观察杯底的小火箭贴画，为什么低角度看不到，而高角度能看到？

低角度　　　　　　　　　高角度

2. 用彩笔在便签纸上画冰激凌、花朵两个图案，然后把图案装入塑料袋中。

3. 将装有便签纸的透明塑料袋紧贴杯壁放入水中，如右图所示。观察便签纸上图案的变化。

4. 换装有另一个图案的塑料袋再试一试。

冰激凌、花朵哪去了？

原来，以上这些都是光发生折射引起的。当光从空气进入水中时，由于空气和水的密度不同，光会发生折射，传播方向改变。

在第一个实验里，低角度看的时候，由于光从水中射入空气时发生偏移，因此我们看不到物体。

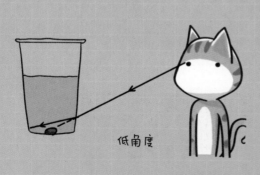

低角度

高角度

第二个实验也是同样的原理。当物体反射的光线从塑料袋里面的空气射入水中时，光线发生偏折；光线从水中射入外面的空气时又发生偏折。总共发生两次偏折，而不同颜色的光线偏折程度不同，因此我们就看不到某些图案了。

29 太阳光的秘密

🔍 **光的色散**

阅读日期　　年　月　日

钻石、水晶等物品在阳光照射下能发出彩虹般的光芒，这些漂亮的光芒是怎样形成的？难道阳光是由不同颜色的光组成的？

英国物理学家牛顿想知道太阳光究竟是不是白光，于是做了一个实验。他在一个漆黑的房间墙壁上开了一个小孔，让透射进来的太阳光通过摆放在房间里的三棱镜。他发现，太阳光经过三棱镜后折射出一条按红、橙、黄、绿、蓝、靛、紫顺序排列的彩色光带。这个实验告诉大家，太阳光不是单色光，而是由多种单色光混合而成的。**太阳光通过三棱镜后被分解成多种单色光的现象叫作光的色散。**

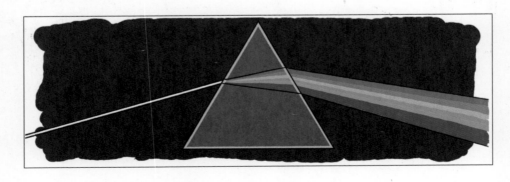

人们对光的色散现象的认识最早源于对彩虹的观察。雨后，空气比较湿润，空气中悬浮着很多小水珠，阳光照射到这些小水珠时，会产生不同程度的色散现象。如果观看的角度合适、空气质量高，就能看到美丽的彩虹。有时在喷泉或瀑布边，也能看到彩虹，它们的形成原理和雨后的彩虹是一样的！

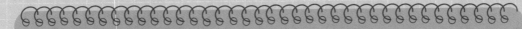

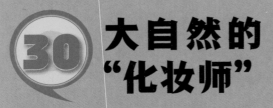

30 大自然的"化妆师"

🔍 光的三原色　　　　阅读日期　　　年　月　日

　　生活中的色彩都与光有关，光是大自然的"化妆师"。

　　发现了光的色散后，牛顿猜想：这些分出的彩色光是否可以再合成白光呢？于是牛顿在三棱镜后面又放置了一块凸透镜，结果彩色光带真的合成了白光。牛顿的猜想又一次得到了验证。

光的分散与合成

　　在7种色光中，有3种色光按不同比例混合后，可以产生其他各种颜色的光，这3种色光就是红、绿、蓝，它们又叫"光的三原色"。

　　彩色电视机或显示器能呈现彩色图像，就是运用了三原色光混合的原理。屏幕上排列着许多由红、绿、蓝组合而成的发光点，这些发光点在电路的控制下发出不同强度的三原色光，从而产生不同的色彩。

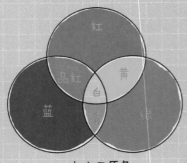

光的三原色

彩色电视机的三原色

滤色镜

拍照时，摄影师会使用一种叫作"滤色镜"的工具。它的作用是改变照片的色彩。

比如，把红色的滤色镜安装在镜头前，拍出来的照片就会过滤掉蓝绿光，照片变成偏红的颜色。

滤色镜　　　使用红色滤色镜拍出的照片　　　使用蓝色滤色镜拍出的照片

小实验：探究不透明物体的颜色

在桌面放 4 个不同颜色的橡皮泥章鱼，如下图所示。

用红色光照射时，原来的红、白色章鱼都变成了红色，而蓝、绿色章鱼却变成了黑色。这说明：红、白色物体能反射红色光，而蓝、绿色物体能吸收红色光。因为蓝、绿色章鱼没有反射光射入我们的眼睛，所以看起来就成了黑色。

这个实验表明：**不透明物体的颜色是由它反射的色光决定的。**

蓝　　　红　　　白　　　绿

正常光照下的橡皮泥章鱼颜色

黑　　　红　　　红　　　黑

红光照射下的橡皮泥章鱼颜色

31 生活中的颜色运用

交通信号灯的大作用

有了交通信号灯，我们的交通才能正常运行，车辆、行人的安全才有保障！为什么交通信号灯要用红、黄、绿这 3 种颜色而不用其他颜色呢？

红灯停，绿灯行，黄灯来了等一等.

交通信号灯

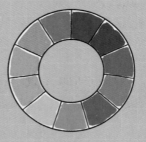

色盘

在红、橙、黄、绿、蓝、靛、紫这 7 种色光中，红色光的波长最长，穿透力也最强，即使在大气能见度很低的情况下，也很容易看见红色光，且红色有警醒的作用，所以红灯被用作禁止通行的信号。

而绿色与红色的区别最明显，且绿色有轻松、安全等寓意，所以绿灯被用作通行的信号。突然的通行和停止很容易引发交通事故，这就需要给人一定的缓冲时间，黄色光的波长是仅次于红色的，因此将黄灯用作缓行的信号。

你知道为什么斗牛要用红色的布吗？

其实，红色的布并不是用来吸引牛的，而是用来调动观众的情绪。红色让人更加兴奋、热情。

牛是看不到红色的，红色对它来说就像黑色等其他颜色一样。吸引牛的是不停走动的人和抖动的布，这两个因素使牛容易烦躁，让它不由得想要冲撞过去。

我想知道得更多

日常生活中，一些颜色（如蓝、绿）能给人凉爽、通透的感觉，这类颜色称为冷色。而有些颜色（如红、黄）给人的感觉是暖洋洋的，这类颜色称为暖色。

正确地应用冷暖色，有助于改善居住条件。例如：在严寒的北方，人们渴望温暖，因此室内的墙壁、地板、家具、窗帘等多选用红、橙色装饰。反之，南方气候炎热，采用绿、蓝色等冷色装饰居室，感觉上会比较凉爽。

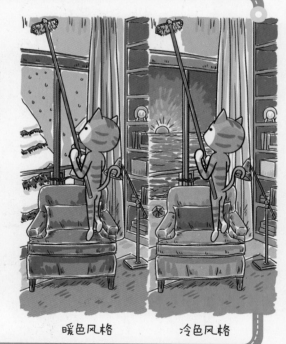

暖色风格　　冷色风格

32 神奇的小孔

🔍 小孔成像

阅读日期　　　年　　月　　日

小孔成像是什么？把一块带有小孔的硬纸板放在点燃的蜡烛与光屏中间，光屏上会形成烛焰倒立的像，这种现象叫小孔成像。

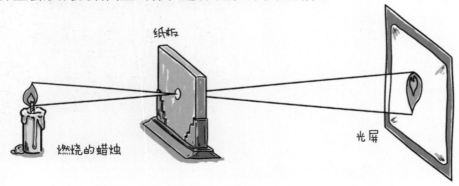

纸板

燃烧的蜡烛

光屏

82

照相机的原理是小孔成像吗？

现代照相机的前面都有一个镜头，镜头是由一组透镜组成的，相当于一个凸透镜，来自物体的反射光经过凸透镜后会聚在胶片上，形成被拍摄物体的像。

因此，现代照相机的成像原理并不是小孔成像！不过，早期结构极为简单的针孔照相机利用的确实是小孔成像原理。

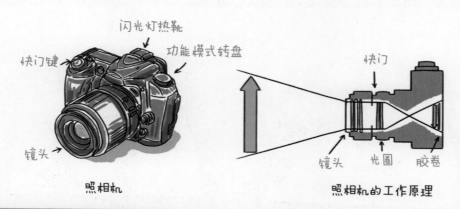

照相机

照相机的工作原理

小实验：小孔成像

1. 用剪刀剪去易拉罐的上部。

2. 在易拉罐口盖上一层塑料膜，用皮筋绷紧。

3. 用螺丝刀在易拉罐底部钻一个小洞。

4. 将小洞对着点燃的蜡烛，这样即可在塑料膜上得到烛焰倒立的像。

5. 移动易拉罐到蜡烛的距离，观察塑料膜上烛焰成像的大小及亮度。

结论： 易拉罐与蜡烛越近，烛焰的像越大、越模糊；易拉罐与蜡烛越远，烛焰的像越小、越清晰。

准备材料：
易拉罐、剪刀、塑料膜、螺丝刀、皮筋、蜡烛。

图1

图2

图3

图4

以上实验要在爸爸妈妈或者其他成年人的监护下完成，小朋友不能一个人做哦！

神奇的 "魔镜"（一）

🔍 凸面镜 　　　阅读日期　　　年　月　日

① 今天，我们来做一个神奇的魔术！首先，在白纸上画一所漂亮的房子。

② 准备一面神奇的镜子。你看！房子是不是发生了变形？

③ 我还能让变形的房子变回去。在另一张白纸上，画一所变了形的房子。

④ 再用魔镜照一下，变了形的房子是不是又变回原来的房子了！

其实，这个魔术的奥秘就在于这块神奇的魔镜——凸面镜！

凸面镜照出的像为什么是变了形的?

一束平行光线照射到凸面镜上, 凸面镜会将光线发散开来, 因此凸面镜照出的像是变了形的。

凸面镜

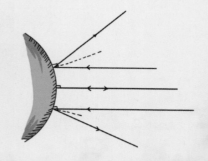

凸面镜的反射光线图

凸面镜的应用

虽然从凸面镜里看到的事物都是变了形的, 但它的视野相对于平面镜广阔很多。因此, 人们把它用于各种弯道、路口或汽车的后视镜中, 以扩大司机的视野, 及早发现对面或后方的车辆, 避免交通事故的发生。

可视范围

汽车后视镜

弯道路口的凸面镜

怎么样? 这个"魔镜"小实验很神奇吧!

原来是凸面镜的作用!

果然魔术不能揭秘啊!

没意思!

神奇的 "魔镜"（二）

阅读日期　　年　月　日

在上一个"魔术"里，大猫因为自己的魔术没能引起小猫的兴趣，非常伤心。于是，他又找来一面表面呈凹陷状的镜子，说："这次我要用这面镜子把火柴点燃。"小猫一听，觉得这个"魔术"比上一个有趣许多。

到了院子里，太阳光很强，大猫把火柴放在地上，然后将凹陷状的镜子对着火柴。不一会儿，只听见"呲"的一声火柴真的着了起来。小猫觉得神奇极了，摸了摸镜子，想起凸面镜的面是凸的，而这个镜子的面是凹的，说："我知道了！它叫凹面镜！"

哇，好神奇！

可是凹面镜为什么能点燃火柴呢？

这个答案需要你自己去探索哦！

不过，小猫虽然知道了它的名字，但对凹面镜能点燃火柴的现象还是很困惑。

凹面镜为什么能点燃火柴？

凹面镜对光有会聚作用，其会聚的一点叫焦点。当凹面镜反射太阳光时，太阳光的热量都集中在这个叫焦点的地方，所以火柴被点着了。

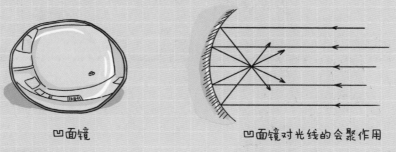

凹面镜　　　　　　凹面镜对光线的会聚作用

凹面镜的应用

太阳灶、台灯、雷达、探照灯、医用头灯以及各种机动车的前灯，都应用了凹面镜。

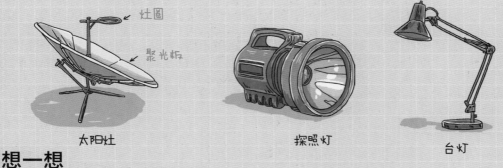

太阳灶　　　　　　探照灯　　　　　　台灯

想一想

如下图所示，为什么汽车开近光灯时，灯光虽然照得不远，但道路两边的景物却能较大范围地看到；而开远光灯时，灯光虽然照得很远，但道路两边的景物却看不到了呢？

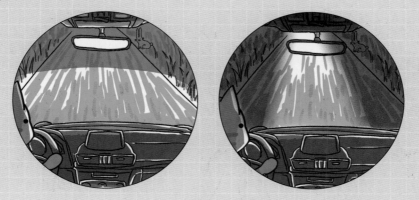

凹面镜

阅读日期 ⬜ 年 月 日

公元前 213 年，罗马帝国派大批战船攻打叙拉古王国。叙拉古国王请求聪慧无比的阿基米德的帮助。阿基米德允诺后，既不招兵买马，也不加固城防，反而命工匠造出一面面大镜子（凹面镜）。叙拉古国王看到，生气地责问阿基米德：

"都火烧眉毛了，你还做这些镜子干吗？"阿基米德笑笑说："破敌用啊！"国王半信半疑，但还是支持阿基米德这么做了，并将做好的镜子搬到城墙上，足足有几百面。

都火烧眉毛了，你还做这些镜子干吗？

破敌用啊！

没多久，罗马帝国的战船向叙拉古城堡驶来。阿基米德见此，一声令下，几百面镜子统统竖起，罗列在城墙上。罗马士兵见此，困惑无比，不知阿基米德要做什么。他们一边行军，一边笑看着。突然，一个罗马士兵惊呼道："不好啦！战船着火了！"语音刚落，其他战船也纷纷着起火来。罗马士兵不是被烧死，就是跳进海里被淹死。后面的战船以为阿基米德施了什么巫术，吓得掉转船头就跑。最终，叙拉古王国取得了战争的胜利。

36 我们是双胞胎

🔍 凸透镜和凹透镜

阅读日期　　　年　月　日

你知道吗？凸面镜和凹面镜都有一个"双胞胎弟弟"。凸面镜的"弟弟"叫凸透镜，凹面镜的"弟弟"叫凹透镜。别看它们只有一字之别，本领却相差万里呢！

凸透镜

什么是凸透镜、凹透镜？

中间厚，边缘薄，呈凸形的透镜叫凸透镜。

中间薄，边缘厚，呈凹形的透镜叫凹透镜。

凹透镜

凸透镜与凸面镜、凹透镜与凹面镜有什么区别？

前面我们了解到凸面镜对光有发散作用，凹面镜对光有会聚作用。

也许，凸透镜和凹透镜都觉得自己的"哥哥"不如对方的"哥哥"，于是偷学了对方哥哥的本领，变成了凸透镜对光有会聚作用，凹透镜对光有发散作用。

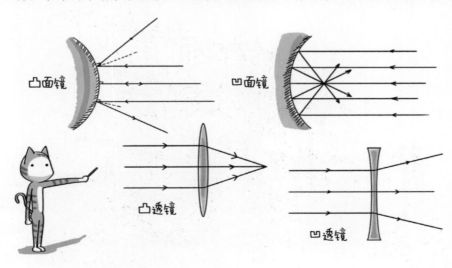

凸面镜　　凹面镜

凸透镜　　凹透镜

凸透镜的应用

放大镜、望远镜、显微镜、照相机、投影仪、远视眼镜等，应用的都是凸透镜。

放大镜　　　望远镜　　　显微镜　　　照相机　　　投影仪　　　远视眼镜

凹透镜的应用

凹透镜可用于矫正近视眼。

近视眼主要是由于晶状体不能正常变形，导致光线过早地聚集在视网膜的前面而形成的。而凹透镜对光有发散作用，可以使像距变长，从而落在视网膜上，如下图所示。这样，近视眼患者就又能看清物体了。

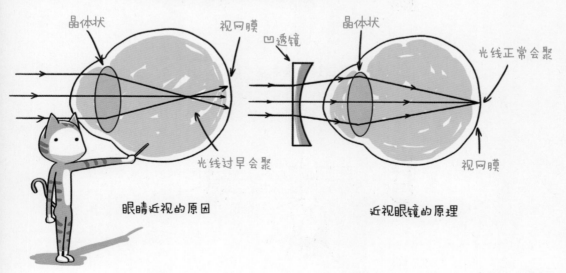

晶体状　　视网膜　　光线过早会聚　　眼睛近视的原因

凹透镜　晶体状　光线正常会聚　视网膜　近视眼镜的原理

魔幻般的透镜实验

🔍 透镜

阅读日期　　　　　年　　月　　日

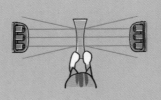

小实验：凸透镜和凹透镜

1. 将一对激光器安放好，使它们射出的激光对应地射向对方。然后把凸透镜垂直伸进第一条光线中。我们发现向右射的激光往右下方偏折，向左射的激光往左下方偏折。

准备材料：

一对激光器、一块凸透镜、一块凹透镜。

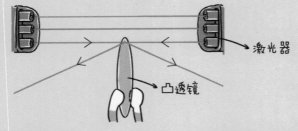

激光器

凸透镜

2. 把凸透镜伸进第二条光线，第二条光线也发生偏折，而且偏折的光线和第一条偏折后的光线有交叉。

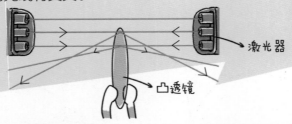

激光器

凸透镜

3. 把凸透镜伸进第三条光线，此时上下两条光线发生偏折，且偏折的光线都相交于第二条光线。由此可以证明：凸透镜有会聚作用。

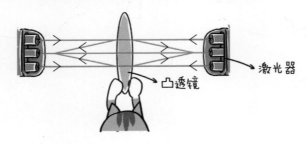

激光器

凸透镜

4. 现在,把凹透镜垂直伸进第一条光线。我们发现向右射的激光往右上方偏折,向左射的激光往左上方偏折。

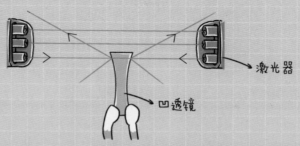

5. 把凹透镜伸进第二条光线,和使用凸透镜的情形不同,凹透镜的折射光线没有发生交叉。

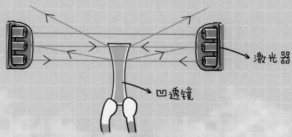

6. 最后,激光器发射的上下两条激光发生偏折,而且所有的光线没有交叉。由此可以证明:凹透镜有发散作用。

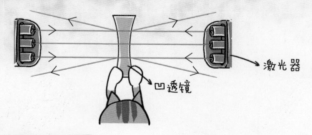

我想知道得更多

其实透镜分为两类,共有六种,我们经常说的凸透镜、凹透镜是两类透镜各自的代表。

中央部分比边缘部分厚的叫凸透镜,有双凸、平凸、凹凸三种;中央部分比边缘部分薄的叫凹透镜,有双凹、平凹、凸凹三种。

凸透镜　　　　　凹透镜

🔍 光污染　　　　　　阅读日期　　　　　年　　月　　日

随着科技的进步，人们的生活日益变好。但是，有时候人们只关心自己的生活而忽略了环境。比如，随意排放废水，向空气排放有毒气体……

光污染出现在水污染、空气污染等之后，是人们过度使用灯光的结果，它主要包括白亮污染、人工白昼污染和彩光污染。生活在光污染环境下的人，心理和身体的健康都会受损。

白亮污染

现代化的城市为了追求美观，建筑的外墙面常常使用玻璃、瓷砖等，当太阳光强烈时，玻璃、瓷砖等就会将太阳光反射，使人感到眼花，无法直视，这就是白亮污染。长期在白亮污染环境下工作和生活的人，眼睛会受到不同程度的损害。

人工白昼污染

　　夜晚是大多数生物睡觉的时间，但如果睡觉的环境有很多灯光，就跟白天一样，使得生物无法正常休息，这就是人工白昼污染。

　　人工白昼污染的危害很大，科学家研究城市周围的动植物后，发现这些生物为了适应夜晚城市的灯光污染，基因甚至会发生改变。

彩光污染

　　迪厅、酒吧等场所安装的黑光灯、旋转灯、荧光灯等彩色光源构成了彩光污染。人们发现，其中的黑光灯所产生的紫外线强度大大高于太阳光中的紫外线，且对人体的危害时间更长。

物理名词对照表

A

凹面镜 /86
反射面为凹面的球面镜。

凹透镜 /90
中间薄、边缘厚的透镜是凹透镜。

B

变速运动 /16
物体在相等的时间内通过不相等的距离的运动。

C

参照物 /2
人们判断物体的运动和静止，总要选取某一物体作为标准。如果一个物体的位置相对于这个标准发生了变化，就说它是运动的；如果没有变化，就说它是静止的。这个作为标准的物体叫参照物。

齿轮 /40
轮缘上分布着许多齿的机械零件，互相啮合的齿轮可以传递运动和动力。

臭氧 /59
是一种无色的气体，液态时呈蓝色，固态时为蓝黑色晶体。有特殊臭味。可用作漂白剂，用于水及空气的消毒。

D

等臂杠杆 /28
动力臂与阻力臂相等的杠杆。

等效替代法 /46
在保证能获得某种相同效果的前提下，用等效的、相对简单的、易于研究的物理问题和物理过程替代实际的、相对陌生的、复杂的物理问题和物理过程来研究和处理的方法。

定滑轮 /33
中心轴固定不动的滑轮。

动滑轮 /34
跟随重物一起移动的滑轮。

斗拱 /42
中国传统木结构建筑中的一种支承构件，位于柱顶、额枋与屋顶之间，主要由斗形木块和弓形肘木纵横交错层叠构成，逐层向外挑出形成上大下小的托座。

F

反射 /68
光线、声波等从一种介质到达另一种介质的界面时返回原介质的现象。

费力杠杆 /28
动力臂比阻力臂短的杠杆。

G

杠杆 /26
一根硬棒，在力的作用下能绕着固定点转动，这根硬棒就是杠杆。

功 /50
一个力使物体沿力的方向通过一段距离，这个力就对物体做了功。

惯性 /6
物体保持原来匀速直线运动状态或静止状态的性质叫作惯性。

光的三原色 /78
把红、绿、蓝三种色光按不同比例混合后，可以产生各种颜色的光，因此红、绿、蓝叫作光的三原色。

光的色散 /76
太阳光通过棱镜后被分解成各种颜色的光，这种现象叫光的色散。

光的折射 /72
光在传播过程中由一种介质进入另一种介质时，传播方向发生偏折的现象。

光速 /13
光在真空中的传播速度约为 3.0×10^8 米／秒，在空气中也与这个数值相近。用字母 c 表示。

光污染 /94
光污染是指过量的光辐射对人类生活和生产环境造成不良影响的现象，属于物理污染。

光纤 /71
全称是"光导纤维"，一般专指用于通信、传感器和医用的光学纤维。

光源 /54
能够发光的物体都叫作光源。

滚动摩擦 /25
一个物体在另一个物体表面上滚动时所产生的摩擦。

H

滑动摩擦 /25
两个互相接触的物体发生相对滑动时产生的摩擦。

滑轮 /32
周边有凹槽可绕中心轴转动的轮子，是一种简单机械。

滑轮组 /35
定滑轮和动滑轮组合在一起，构成滑轮组。

J

机械运动 /16
在物理学中，把物体位置随时间的变化叫作机械运动。

镜面反射 /70
镜面很光滑，一束平行光照射到镜面上后，会被平行地反射，这种反射叫作镜面反射。

静止 /3
就机械运动而言，某物体的静止状态又指相对于一定的参考系没有位置的移动。

K

可见光 /57
肉眼可以看见的光，即从红光到紫光。

L

螺旋 /37
具有螺纹的圆柱（或圆锥）体，属于斜面类的简单机械，可用来省力，如螺栓和螺母。

M

漫反射 /70
凹凸不平的表面会把平行的入射光线向着四面八方反射，这种反射叫作漫反射。

Q

曲线运动 /16
物体做机械运动时，运动路线是曲线的运动。

R

入射角 /69
光线从一种介质入射到与另一种介质的交界面时，与界面法线的夹角（小于90度）。

S

省力杠杆 /28
动力臂比阻力臂长的杠杆。

速度 /12
速度是表示物体运动快慢的物理量。

速率 /14
瞬时速度的大小通常叫作速率。

T

凸面镜 /84
用抛物面的外侧作反射面的球面镜叫凸面镜。

凸透镜 /90
中间厚、边缘薄，这样的镜片是凸透镜。

W

位移 /15
点在某一时间内的位移，用它在该时间内的初位置指向末位置的有向直线段表示。

X

小孔成像 /82
也叫"针孔成像"。由于光线沿直线传播，物体的光线通过针孔后会在另一侧形成倒立的物体影像，这种光学现象被称为针孔成像。

斜面 /36
是一种简单机械，一般指与水平面成一角度的平面。在斜面上推（或拖）重物，使它沿着斜面向上移动时，比沿竖直方向升高要省力。

楔子 /38
也叫作"劈"，是一种简单机械，由两个斜面合成。

Y

匀速直线运动 /16
物体沿着直线且速度不变的运动。

Z

折射 /72
光在传播过程中由一种介质进入另一种介质时，传播方向发生偏折的现象。如光从空气斜射入水中时，传播方向会发生偏折。

支点 /27
杠杆可以绕其转动的点。

直线运动 /16
物体做机械运动时，运动路线是直线的运动。

阻力 /27
阻碍杠杆转动的力。

阻力臂 /27
从支点到阻力点作用线的距离。